APERÇU

SUR LES

EAUX MINÉRALES.

ANALYSE ET SYNTHÈSE.

Les témoignages de l'antiquité sur les Eaux Minérales, l'expérience des siècles qui en confirme tout à la fois l'usage et l'efficacité, la faveur unanime de laquelle elles jouissent aujourd'hui chez tous les peuples, malgré la différence des théories médicales, démontrent qu'elles ont une réputation justement établie.

Les Grecs, dont les connaissances furent au-dessus de celles des nations qui les avaient précédées, honoraient les sources d'eaux chaudes comme un bienfait de la divinité; elles étaient dédiées à Hercule, le dieu de la force. Hippocrate, *de aëre locis et aquis*, nous parle d'eaux chaudes imprégnées de cuivre, d'argent, d'or, de soufre, de bitume, de nitre, etc.; il les interdit pour boisson ordinaire. Aristote, 400 ans avant l'ère chrétienne, dit qu'il se mêle avec les Eaux des sources minérales des vapeurs de différente nature, qui font leur

1846

principale vertu. Galien fait l'éloge d'une eau bitumineuse et martiale dont se servaient ceux qui étaient sujets à la gravelle. Pline traite des Eaux Minérales acidules, sulfureuses, salées, nitreuses, alumineuses, ferrugineuses et bitumineuses.

Dans tous les pays où les Romains portèrent leurs armes triomphantes, ils recherchaient les Eaux Minérales, et s'arrêtaient de préférence aux sources d'eaux chaudes, sans doute parce qu'ils avaient remarqué qu'elles étaient propres à favoriser la guérison des blessures; à Aix en Provence, Bourbon-l'Archambault, Néris, le Mont-d'Or, les sources des Pyrénées, furent autant de lieux fréquentés par les vainqueurs du monde, qui venaient y rétablir leur santé, se délasser des fatigues de la guerre, et goûter les plaisirs de la Gaule. En reconnaissance des bienfaits qu'ils en avaient éprouvés, ils décorèrent les sources de plusieurs monuments, dont il reste encore des vestiges qui portent l'empreinte de la grandeur que ce peuple donnait à ses moindres ouvrages.

La chute de l'empire romain entraîna la ruine de ces édifices précieux. Les Gaulois, loin de les conserver, les négligèrent, affectèrent même de les laisser dépérir; dès-lors, les sources minérales furent délaissées.

Dans le Xe siècle, où la médecine fut plus particulièrement cultivée par les Arabes, les sources minérales obtinrent quelque crédit, mais les médecins se bornaient à répéter ce qu'en avaient dit Pline et Galien.

En France, les fontaines minérales restèrent désertes jusqu'au règne de Charlemagne; convaincu de leur utilité, ce prince fit construire à Aix-la-Chapelle un vaste bassin pour s'y baigner ainsi que tous ses officiers. Les autres sources minérales commençaient à être fréquentées, lorsque la mort de ce grand homme et la division de ses états replongèrent la France dans l'ignorance et la barbarie.

Ce n'est que sur la fin du XVe siècle que les médecins s'occupèrent des Eaux Minérales; jusqu'alors leur administration était abandonnée à des charlatans qui en imposaient facilement à l'aveugle et superstitieuse crédulité; de même que les prêtres du paganisme, ils exigeaient des offrandes et certaines cérémonies religieuses. Ne voit-on pas encore de nos jours, en plusieurs provinces de France, des hommes placer ces eaux sous le patronage de quelque saint, conditions indispensables, selon eux, pour obtenir le soulagement ou la guérison qu'on vient chercher à leur source.

Henri IV, qui, pendant sa jeunesse, avait fréquenté les eaux des Pyrénées, et qui avait reconnu les abus qui s'étaient glissés dans l'emploi d'un remède aussi salutaire, chercha à les réprimer lorsqu'il fut monté sur le trône de France; il nomma des surintendants et des intendants-généraux, qui étaient chargés de la haute surveillance des eaux, bains, et fontaines minérales du royaume. Les rois Louis XIV, Louis XV, Louis XVI conservèrent cette surveillance.

La tourmente révolutionnaire ne permit guère de s'occuper des Eaux Minérales, qui ne prirent un peu de faveur que sous l'empire. Ce n'est ensuite que le 18 juin 1823 que parut l'ordonnance royale, régissant encore aujourd'hui les établissements d'Eaux Minérales et qui s'étend aux Eaux Minérales factices, comme produit d'un art nouveau, susceptible de surveillance.

Cette ordonnance nomme des inspecteurs-médecins, règle leur traitement, prescrit des mesures pour la surveillance des sources d'Eaux Minérales naturelles et des fabriques d'Eaux Minérales artificielles, tenues par toute personne non pourvue du titre de pharmacien, et exige d'eux, dans ce cas, la présentation d'un pharmacien reçu pour garant.

Les expéditions ou envois d'Eaux Minérales de la provenance des établissements doivent être puisés sous la surveillance de l'inspecteur et accompagnés d'un certificat d'origine par lui délivré, constatant la quantité expédiée, la date de l'expédition et la manière dont les vases ou bouteilles ont été scellés au moment même où l'eau a été puisée à la source.

Les expéditions d'Eaux Minérales artificielles sont pareillement surveillées par le pharmacien garant de l'établissement et accompagnées d'un certificat d'origine délivré par lui.

Lors de l'arrivée desdites eaux aux lieux de leur destination, ailleurs que dans des pharmacies ou chez un particulier qui les ferait venir pour son usage et pour celui de sa famille, les vérifications nécessaires pour s'assurer que les précautions prescrites ont été observées et qu'elles peuvent être livrées au public, sont faites par les inspecteurs du lieu où elles arrivent. Les caisses ne sont ouvertes qu'en leur présence, et les débitants sont tenus d'avoir un registre pour les quantités reçues, ainsi que pour les ventes.

Là où il n'a point été nommé d'inspecteur, tous les établissements d'Eaux Minérales naturelles ou artificielles sont soumis aux visites ordonnées par les art. 29, 30, 31, de la loi du 11 avril 1803 (22 germinal an XI). Ces visites interdisent les établissements d'Eaux Minérales naturelles qui contiendraient des substances nuisibles, dressent des procès-verbaux contre les fabricants d'Eaux Minérales artificielles mal préparées ou détériorées. Cette ordonnance, qui a force de loi, est-elle bien suivie, bien exécutée? C'est ce que nous ne pouvons affirmer favorablement.

Les Eaux Minérales ont fixé avec raison la sollicitude du gouvernement comme un moyen de prospérité générale et locale, en raison des dépenses faites par les malades ou les étrangers, soit dans le voyage, soit dans les établissements. Comme ressource sanitaire, elles sont devenues, on peut le dire, un besoin du siècle; ce n'est pas seulement en Europe qu'elles sont recherchées; les peuples les moins civilisés, les Persans, les Chinois, les Indiens, les Égyptiens, ont des sources où ils vont puiser la santé. Comment tant de populations qui ont des opinions diverses, des préjugés particuliers, des maximes opposées, des manières de vivre contraires, peuvent-elles n'avoir qu'une même opinion sur l'emploi des Eaux Minérales? N'est-ce pas encore une preuve de leur efficacité thérapeutique? S'il était de rigueur dans cet opuscule d'appuyer cette assertion de preuves plus incontestables, nous invoquerions l'expérience de praticiens éclairés et peut-être la nôtre propre, car nous ne sommes point de ceux qui prétendent qu'elles n'ont par elles-mêmes aucune influence salutaire sur les maladies chroniques et qu'il faut attribuer tous leurs bons effets à des causes purement accessoires. Nous les considérons, au contraire, comme des médicaments suffisamment énergiques et d'autant plus que leur nature chimique se complique d'éléments dont il est possible d'apprécier le mode d'action et l'activité, lorsqu'on obtient ceux-ci isolément. De la connaissance des propriétés de ces substances isolées, on ne peut néanmoins point tirer de conclusions définitives pour celles des Eaux Minérales; elles exercent une action complexe, qui dépend de la somme des propriétés de chacune des substances en solution, mais sans doute aussi de principes peu connus, ou qui ont échappé à l'analyse chimique. Voilà pourquoi les Eaux Minérales factices sont moins estimées par les praticiens en médecine que les naturelles, quel que soit le degré de certitude et de précision offert par l'analyse des Eaux que l'on se propose d'imiter. Jusqu'ici nous nous apercevons avoir depassé le programme qui nous est imposé dans cette thèse, puisque nous ne devons parler des Eaux Minérales que sous le rapport pharmacologique, et s'il nous arrive encore, dans le cours de ce travail, d'effleurer quelquefois l'art médical, notre qualité de médecin doit nous le faire excuser.

Toutes les Eaux qui, sortant du sein de la terre, sont naturellement chargées de substances quelconques, étrangères à la composition la plus simple de l'eau à l'état de pureté, ont été appelées *Eaux Minérales ;* cette expression semble indiquer qu'elles seules contiennent des principes minéralisateurs, et cependant l'eau commune, celle de rivière, l'eau de mer et même celle de pluie, renferment plus ou moins de ces mêmes substances, l'eau distillée avec tout le soin possible, seule étant la plus simple, celle où l'oxigène et l'hydrogène sont isolés le plus possible de toute autre matière.

Les Eaux Minérales sont aux nombre des composés qui, dans une classification pharmaceutique, trouvent difficilement une place rigoureuse; le terme d'eau minérale paraît inexact, peut-être devrait-on lui substituer celui d'Eau Médicinale ou Médicamenteuse, ou bien simplement celui *d'Hydrolé* d'après les classifications de MM. Chéreau, Henry et Guibourt, Béral; et *Hydrolé Chimicobasique* de la classe *Hydrolie*, section *Délokémie* de M. Cottereau. Ces dénominations seraient applicables également aux Eaux Minérales factices. Malgré le plus ou moins d'accueil qu'on a fait à ces nomenclatures, nous nous servons de la dénomination d'Eaux *Minérales Médicamenteuses*.

Comment ces eaux ont-elles dissous les matières salines et gazeuses qu'elles contiennent? Est-ce en filtrant au travers des couches terrestres, qui, dans cette hypothèse, seraient toutes formées de ces matières; ou bien s'opère-t-il au sein de la terre des décompositions chimiques déterminées par l'irrigation ou la présence de l'eau, laquelle dissout ensuite les corps nouveaux qui résultent de ces décompositions? On a cru long-temps qu'en traversant les différentes couches de la terre, les Eaux Minérales leur empruntent les principes constituants; car, comme dit Pline, *Tales sunt aquæ, qualis terra per quam fluunt.* Cependant, si l'on examine attentivement la composition de plusieurs sources minérales et la nature des terrains d'où elles sortent, on voit que souvent on ne trouve dans ces terrains presqu'aucun des principes minéralisateurs des eaux. M. Berthier a fait cette remarque dans son analyse des Eaux de Chaudes-Aigues. M. Berzélius dit que les montagnes de Carlsbad ne renferment qu'une faible quantité de substances salines et que la quantité de sulfate et de carbonate de soude qui provient de ses sources est prodigieuse. Il est presque évident que, dans la plupart des circonstances, nous n'avons encore, malgré les théories modernes, aucune idée bien fixée, ni sur les causes qui introduisent dans les eaux les matières que la chimie y fait reconnaître, ni sur la nature et la profondeur des couches où les eaux s'emparent de ces matières. Quelques auteurs ont cru lever l'incertitude en disant qu'elles proviennent de l'eau atmosphérique, dont une partie se rassemble sur les montagnes ou plateaux, coule à leur surface et produit des ruisseaux dont une partie tombe dans leurs fissures, arrive à des profondeurs diverses, se charge plus ou moins des substances qu'elle rencontre, et, pressée par la colonne du liquide, revient ainsi à la surface à des distances quelquefois considérables du point de départ.

Que penser de ces Eaux intermittentes qui suspendent leurs sources pendant plusieurs minutes, plusieurs heures, plusieurs mois et d'une manière très-régulière et très-constante ? De ces fontaines qui, durant certains temps de l'année, ne coulent plus, et reviennent ensuite, ou qui sont tantôt chaudes et tantôt froides?

Pour expliquer ces vicissitudes d'intermittence, on suppose que les eaux d'infiltration se réunissent d'abord dans un premier réservoir général; que, de ce réservoir, elles se rendent dans un second réservoir, dans le fonds duquel un syphon naturel, formé par une suite de cavités dues à la nature caverneuse de certaines roches, prend son origine ; il suffit d'admettre que l'orifice de la seconde branche du syphon communique à la partie inférieure du second réservoir. Lorsque ce second réservoir est rempli de manière à ce que la branche de syphon qui lui correspond se trouve également plaine, alors le jeu du syphon commence, et l'écoulement des eaux à l'extérieur continue tant que l'air a pénétré dans le syphon ; son jeu est interrompu pendant le temps nécessaire pour remplir le réservoir.

Connaissons-nous la thermalité ou cause de la chaleur des eaux naturelles? Ici il semblerait que les conjectures sont un peu moins grandes.

Des opinions bien différentes avaient été admises sur la thermalité ; elle était attribuée tantôt à l'action du soleil, tantôt à une fermentation opérée dans le sein de la terre, ou à des effervescences de combinaisons.

On prétendait encore que le foyer qui chauffe les eaux était alimenté par la combustion lente d'un immense amas de charbon de terre. Que la mine de charbon du houiller des environs de Saint-Etienne chauffait les eaux de Vichy; mais, quelque considérable qu'on suppose ces amas de houille, il faut encore supposer que leur combustion nécessiterait des courants d'air avec issue; ce qu'on est bien loin de trouver dans les entrailles de la terre, excepté pour les volcans; et quelque considérable que fussent ces amas de houille, il est facile de concevoir qu'à la longue ils devraient s'épuiser, et que cet épuisement doit s'annoncer par une diminution graduelle de la température des eaux.

Quelques auteurs regardent le fluide électrique comme cause de la thermalité. D'après cette théorie, on considère les montagnes comme d'énormes piles voltaïques où s'opèrent, entre les deux pôles, positif et négatif, des décompositions et des nouvelles combinaisons. S'il en était ainsi, l'intérieur des montagnes ne devrait fournir que des eaux chaudes, ce qui est contraire à l'observation. Comment d'ailleurs seraient échauffées les eaux qui sont éloignées des montagnes? Et, si en admettant avec M. Anglada, que les couches terrestres constituent aussi, par leur superposition, un appareil électromoteur analogue aux piles voltaïques, la thermalisation s'expliquerait encore par les courants électriques; mais, comme nous l'avons déjà dit, nous n'aurions que des eaux chaudes à toutes les hauteurs.

On a encore fait dépendre la chaleur des eaux, de la présence des volcans, parce que nous avons des exemples de ces embrâsements qui durent depuis des siècles; l'eau qui circule dans l'intérieur de la terre, pénétrerait ces volcans et en recevrait une chaleur proportionnée à la proximité du foyer. Cette opinion est fondée sur ce que les contrées où l'on a découvert le plus de volcans sont aussi les plus abondantes en sources thermales : tels sont l'Auvergne, le royaume de Naples, etc.; mais cette hypothèse ne rend pas compte de la thermalisation des eaux éloignées des volcans; il nous paraît plus rationnel, pour juger définitivement la question en litige, de revenir au système de Buffon, qui admet un feu central de la terre sans combustion sensible (1).

Depuis que des observations faites dans les mines, et particulièrement le forage des puits artésiens, nous ont appris que la chaleur

(1) Le fait de la chaleur centrale est le principe fondamental de la géologie moderne; sur lui est fondée la théorie des commotions terrestres, des soulèvements et de la formation de montagnes.

augmente à mesure que l'on descend dans les profondeurs de la terre; cet accroissement de chaleur étant évalué à un degré centigrade pour trente à quarante mètres, il en résulterait qu'à 2,700 mètres (une demi-lieue) de profondeur, la chaleur de la terre doit égaler celle de l'eau bouillante (100 degrés centigrade); qu'à 3,000 mètres le soufre serait continuellement en fusion, et qu'à 6,500 mètres (un peu plus d'une lieue), le plomb n'existerait que fondu. Si l'on suit ainsi les degrés de fusibilité des substances connues, on reconnait qu'il n'en est aucune assez réfractaire pour rester solide à la profondeur de vingt ou vingt-cinq lieues, et qui ne doive être dans un état continuel d'incandescence et de fluidité; or, qu'est-ce que cette profondeur d'où pourrait provenir les Eaux Minérales, relativement à la profondeur de la terre, dont le centre est à 1,500 lieues de la surface?

Un tel résultat suppose une température intérieure très-élevée; il ne peut provenir de l'action des rayons solaires, et peut s'expliquer naturellement par la chaleur propre de la terre. Comme on le voit, le feu central étant adopté, l'explication de la thermalité des eaux devient facile. « Si l'on conçoit, dit M. Delaplace, que les « eaux pluviales, en pénétrant dans l'intérieur d'un plateau élevé, « rencontrent dans leur mouvement une cavité de 3,000 mètres de « profondeur, elles la rempliront d'abord; ensuite, acquérant dans « cette profondeur une chaleur de 100 degrés au moins, redevenues « par là plus légères, elles s'élèveront et seront remplacées par les « eaux supérieures, en sorte qu'il s'établira deux courants d'eau, « l'un montant, l'autre descendant; perpétuellement entrenus par « la chaleur intérieure de la terre, ces eaux, en sortant de la « partie inférieure du plateau, auront évidemment une chaleur « bien supérieure à celle de l'air au point de leur sortie. »

La température des Eaux, à l'endroit où elles sourdrent, ne peut pas nous servir à apprécier la chaleur qu'elles ont puisé au foyer, car elles ont pu être obligées de traverser des couches épaisses de terrains auxquels elles ont cédé une partie de leur calorique, ou se mêler dans leur trajet avec quelque courant d'eau froide qui abaisse leur température. C'est par ces deux causes que s'expliquent tout naturellement les variétés et dans la chaleur et dans la proportion des principes des sources d'une même localité, qui ont certainement une même origine (1).

Quelle que soit l'hypothèse qu'on adopte pour expliquer le calorique des Eaux, qu'il soit le résultat du fluide électrique ou du feu central de la terre, on peut s'apercevoir qu'il n'est pas identique avec celui que nous développons dans nos foyers; il y a entre ces deux calorifiques des différences bien tranchées; nous préférons, sur ce point, partager les opinions et croire sur parole des noms connus par

(1) C'est ainsi que les eaux de *Chaudes-Aigues*, dont les sources sont au nombre de cinq, se font remarquer par des variétés de température fort inégales, quoiqu'elles sortent à peu de distance les unes des autres : les eaux du *Par* ont une température de 80 centig., celles du *Moulin-du-Ban* ont 72 centig., les eaux de la *Grotte-du-Moulin*, 62 centig., et celles de la *Maison-Felgère*, l'une a 70 centig., l'autre 57 centig.

En réfléchissant à l'extension qu'on pourrait donner à ces eaux pour le chauffage des étuves, des vestibules, des galeries et des vestiaires de tous les édifices thermaux, on peut regarder, comme un grand avantage, leur utilisation, lorsque leur chaleur est assez considérable pour des usages domestiques, pour le chauffage des maisons, etc., ainsi que cela se pratique à *Chaudes-Aigues*. Dans un voyage que nous y avons fait, en 1838, nous avons pu voir cette petite ville, à quelques lieues de Saint-Flour, traversée par la grande route de Clermont à Toulouse, située au milieu d'une atmosphère continuellement vaporeuse et humide, et aperçue de loin comme plongée dans une masse nébuleuse, nous y avons observé ces bons Auvergnats si tranquilles dans leurs *maïsoú caoúdo*, chauffées ingénieusement par des *canaux poêles*, construits dans le rez-de-chaussée, en communication d'une maison à une autre. Nous avons vu ouvrir une trappe sous leurs pieds, y puiser, pour tremper la soupe à la minute, de l'eau de la source presque bouillante du *Par*, y faire cuire des œufs, y dégraisser la laine, etc. Pendant l'été, on donne à cette eau une autre direction, on la fait circuler dans la petite rivière de *Remontalou*, qui traverse la ville. On prétend que pendant l'hiver les eaux chaudes, utilisées dans les maisons de la ville de Chaudes-Aigues, tiennent lieu aux habitants d'une forêt de chênes, qui aurait au moins 540 hectares. Des étuves, pour l'incubation artificielle, y ont été établies avec de fort bons résultats.

leur génie d'observation, que de nous rendre à la discrétion des frondeurs qui tranchent d'un seul coup les questions les plus délicates. Nous lisons dans un ouvrage récent ayant titre *l'Officine :* « On croyait « jadis que les Eaux thermales perdaient moins vite leur calorique « que l'eau ordinaire amenée artificiellement au même degré, et de « plus que ce calorique n'avait pas la même action sur les matières « organiques. On avait avancé aussi que les Eaux Minérales natu- « relles gazeuses conservaient mieux leur acide carbonique que les « Eaux artificielles, mais il n'en est rien. »

A ces observations nous repondrons avec Foderé (1) : « De même, « dit cet auteur, que nous avons fait voir qu'il y a gaz et gaz acide « carbonique, de même aussi y a-t-il chaleur et chaleur. La chaleur « animale est très-différente de celle de nos foyers, et celle des Eaux « thermales diffère beaucoup de celle des Eaux communes chauf- « fées à la même température. Cette chaleur est plus douce et plus « agréable, et pour ainsi dire plus en rapport avec notre nature. »

Nous en avons fait l'expérience par nous-même; on supporte les eaux thermales en boisson et en bains à un degré de chaleur bien supérieur à celui de l'eau chauffée artificiellement. L'eau thermale à 60 ou 70 centig. ne cause aucune impression désagréable sur la bouche et le palais, qui sont douloureusement affectés par un liquide chauffé à la même température. L'eau de Vichy naturelle est beaucoup mieux supportée par les malades que celle fabriquée par l'art. Le docteur Charles Petit en a porté très-facilement la dose jusqu'à 20, 25 et même 35 verres par jour. D'après l'analyse connue de l'eau de Vichy, chaque verre contient un gramme de bi-carbonate de soude; on voit qu'il en était absorbé par quelques malades jusqu'à 35 grammes. L'expérience prouve qu'à des doses semblables, le bi-carbonate de soude en dissolution dans l'eau ordinaire, bue chaude ou froide, ne peut être supportée en aussi grande quantité sans répugnance et peut-être sans inconvénient.

---

(1) *Mémoire sur les Eaux Minérales des Vosges.*

Une autre vérification que nous avons pu faire nous-même sur les lieux et que nous savions avoir été faite avant nous, c'est que les sources qui n'ont pas plus de 70 centig. de chaleur donnent momentanément aux végétaux un rehaussement de verdure et de fraîcheur, tandis que l'eau chauffée artificiellement au même degré les désorganisent visiblement. Cette expérience a été constatée par tous ceux qui ont voulu s'en occuper; Mme de Sévigné, cette femme célèbre, avait su distinguer par la même expérience que la chaleur minérale a une action sur la matière organisée différente de la chaleur domestique (1).

Que des chimistes et des physiciens viennent nous déclarer que ces assertions sont des préjugés évidemment contraires à ce que la physique, la chimie nous enseignent sur le calorique, nous leur répondrons que nous ne pouvons admettre que la chaleur animale et celle des eaux thermales soient identiques dans leurs effets avec celle que nous développons par les combustibles; notre idée à nous est que le calorique des eaux se trouve dans un état de combinaison tout particulier, entretenu qu'il est par un principe en quelque sorte vital, qui semble l'animer et qui imprime à nos organes une action spéciale, laquelle n'existe pas moins, quoiqu'elle échappe à la précision des instruments; il y a dans les eaux comme dans l'air un *nescio quid* qui se dérobe aux recherches. On sait, en effet, que d'après les travaux des chimistes, l'air si malfaisant des marais et des hôpitaux ne diffère pas de l'air pur que nous respirons (2).

Sur le point de savoir si les eaux naturelles conservent mieux leur acide carbonique que les eaux artificielles, nous partageons entière-

---

(1) Dans sa 380e lettre, en parlant des eaux de Vichy, elle dit : « Je mis hier moi-même une rose dans la fontaine bouillante ; elle y fut saucée et resaucée, je l'en tirai comme dessus la tige ; j'en mis une autre dans une poêlonnée d'eau chaude, elle y fut bouillie en un instant. Cette expérience, dont j'avais ouï parler, me fit plaisir. Il est certain que ces eaux sont miraculeuses. »

(2) C'est avec raison que Chaptal disait que les chimistes ne peuvent qu'analyser le cadavre des eaux.

ment l'opinion de MM. Caventou, François, Gasc et Marc, à ce sujet (1). « Sans doute, disent ces messieurs, l'eau de Seltz artificielle paraît plus gazeuse que l'eau naturelle. La première fait « sauter le bouchon de la bouteille qui la contient, et offre un « dégagement abondant, et, si l'on peut dire ainsi, tumultueux de « gaz acide carbonique ; mais cette effervescence est aussi momentanée qu'elle est vive, et l'ingestion du gaz, si elle ne s'effectue « très-promptement, au risque d'avaler de travers, fait éprouver « une perte considérable de gaz.

« Une autre différence plus essentielle encore consiste en ce que « l'eau de Seltz naturelle retient l'acide carbonique avec beaucoup « plus de force que celle qui a été préparée par l'art ; en effet, si « l'on verse dans deux vases d'égales quantités de ces eaux, on est « témoin d'un dégagement tumultueux du gaz acide carbonique de « l'eau artificielle, tandis que le gaz de l'eau naturelle s'en sépare « par une effervescence bien plus faible, mais qui se prolonge longtemps et finit même par être insensible, bien que l'eau contienne « encore une quantité notable de gaz, ainsi qu'on peut le constater « aisément en agitant le liquide. Dans l'eau artificielle, au contraire, « le dégagement gazeux, brusque, plus évident, n'est qu'instantané « et de courte durée.

« Nous avons conservé pendant dix jours, et sous des circonstances absolument égales, de l'eau de Seltz naturelle et factice, « les fioles étaient simplement bouchées avec du papier, et nous « avons eu lieu de nous convaincre qu'au bout de ce temps l'eau « naturelle conservait encore des traces sensibles d'acide carbonique, tandis que l'eau artificielle n'était plus qu'un liquide fade « et légèrement salé. Remarquons surtout que nous avons opéré « sur de l'eau naturelle transportée de la source pendant une saison « très-chaude et par conséquent très-défavorable à la conservation « du gaz. Que conclure d'un tel résultat ? Ne prouve-t-il pas que

(1) *Considérations chimiques et médicales sur l'Eau de Seltz.*

« l'art ne peut ici suppléer la nature? Car, s'il en était autrement, pourquoi l'eau de Seltz articielle n'offrirait-elle pas les mêmes phémonènes que l'eau naturelle, et même à un degré plus marqué, puisqu'on y a interposé une grande dose d'acide carbonique? La conséquence à tirer de ce fait, est que la combinaison du gaz acide carbonique dans l'eau de Seltz naturelle étant *plus parfaite* (1), quoiqu'un peu moins abondante, son administration devra être aussi beaucoup plus facile, et, d'après cela, souvent plus efficace, en considérant la question sous le rapport médical. »

Quelque nombreuses que soient les classifications des Eaux Minérales, elles ne peuvent en comprendre exactement les variétés; MM. Fourcroy, Bergmann, Monnet, Duchanoy, etc., nous en ont fourni de plus ou moins exactes. Les classer d'abord d'après le nom particulier à l'endroit d'où elles proviennent, exprimer leur nature d'après leur principe le plus prédominant, nous paraît la meilleure méthode ; la plus satisfaisante, jusqu'à ce jour, à notre avis, est celle que MM. Mérat et Delens ont consignée dans leur dictionnaire de Matière Médicale.

A leur exemple, nous divisons les Eaux Minérales médicamenteuses en :

1° *Eaux simplement thermales*, ne différant de l'eau commune que par la température, qui, dans ce cas, doit être de 20 à 100 centig. ;

2° *Eaux gazeuses*, sous-divisées en *eaux aérées*, c'est-à-dire chargées d'air ou de l'un de ses principes; *eaux hydrogénées*, *eaux acidules*, rendues telles par le gaz acide carbonique ;

3° *Eaux acides*, rendues telles par les acides sulfureux, sulfu-

---

(1) Pourquoi ne serait-il pas possible aussi que le calorique fût combiné avec les Eaux Minérales sous ces mêmes conditions, et abandonné par celles ci avec plus de résistance que par l'eau ordinaire chauffée artificiellement au même degré ?

rique, hydrochlorique, nitrique, hydro-sulfurique ou borique;

4° *Eaux alcalines*, riches en sous-carbonate de soude, et souvent unies à beaucoup d'acide carbonique, d'où vient encore le nom d'*alcalino-acidules;*

5° *Eaux salines*, dans lesquelles prédominent des sels, et qui, en raison des autres principes qu'elles contiennent plus ou moins abondamment, sont sous-divisées en *salino-acidules*, *salino-acides* et *salino-alcalines;*

6° *Eaux sulfureuses*, dans lesquelles abonde le soufre, et sous-divisées ensuite, d'après la nature de quelques autres principes qu'on y rencontre, en eaux *sulfo-acidules*, eaux *sulfo-salines* et eaux *sulfo-glaireuses;*

7° *Eaux iodurées*, confondues jusqu'ici avec les précédentes;

8° *Eaux bromurées*, qu'on n'avait pas non plus distinguées de celles qui précèdent;

9° *Eaux métalliques*, sous-divisées, à raison de la nature des sels qu'elles contiennent, en *eaux ferrugineuses*, chargées ou non d'acide carbonique, et en *eaux cuivreuses*, *arsenicales*, etc.;

10° *Eaux bitumineuses*, surnagées par une couche de pétrole.

Nous ne parlerons pas ici des caractères propres à chacune de ces eaux, notre but n'étant point d'écrire un ouvrage complet.

Les notions qu'on possédait sur les sources minérales devaient être incomplètes, tant qu'on ne connaissait pas leurs principes constituants, quoique la chimie ait fait d'immenses progrès, et ceux qu'elle fait chaque jour, nous prouvent qu'elle n'est pas arrivée à sa perfection; nos analyses nous paraissent complètes, et tous les jours on découvre de nouveaux procédés pour saisir, apprécier des substances qui n'avaient pas été aperçues, il y a quelques années, par les plus habiles chimistes: tels sont le brôme, l'iode, etc.; la barégine, glairine a été mieux connue et appréciée par MM. Longchamps et Anglada (1). M. Chevallier a trouvé, en 1836, dans les

(1) Il paraît que ces matières organiques azotées sont dues à la décomposition

eaux de Vichy, de l'acide hydro-sulfurique, qui n'avait été signalé dans aucune analyse de ces eaux ; M. Francœur a reconnu, en 1828, de l'acide sulfurique libre dans les eaux d'Aix en Savoie, ce que plusieurs chimistes avaient révoqué en doute (1). Depuis quelques années ont été découvert les *crénates*, genre de sels qui résultent de la combinaison de l'acide crénique (2) avec les bases salifiables.

ANALYSE DES EAUX MINÉRALES.

L'analyse des Eaux Minérales exige, de la part du pharmacien qui s'en charge, la plus scrupuleuse exactitude. Il n'est pas très-difficile de reconnaître la nature des principales substances qui les composent ; à l'aide des réactifs et des procédés connus, on parvient à déterminer promptement les sels qui, dans une eau minérale, se rencontrent ordinairement et qui ne sont jamais en nombre consi–

---

de quelques espèces de fucus, regardés comme des polypiers par quelques naturalistes, et qui se reproduisent très-facilement dans les bassins exposés au contact de l'air et de la lumière.

(1) Un rapport a été fait dernièrement par M. Henry, sur une source d'eau chaude qui existe en Algérie, et qui contient de l'arseniate de chaux en dissolution. M. Girardin a proposé à l'Académie de Médecine d'engager le ministre à faire faire des expériences pour reconnaître si cette eau jouissait des propriétés médicamenteuses contre les fièvres intermittentes.

(2) *Crénique*, ad., *crenicus* (κρήνη source), nom donné par Berzélius à un acide organique nitrogéné, dont il a découvert l'existence dans les eaux de Porla.

dérable ; mais la quantité de chacun d'eux est souvent si petite, qu'il faut une grande habitude pour en fixer l'évaluation.

Si l'analyse se fait par procuration et éloigné de la source, on doit d'abord recommander de porter son attention sur la nature et la propreté des vases qui doivent contenir l'eau à analyser ; les bouteilles de verre sont préférables à celles de grès. On rince ces bouteilles avec l'eau minérale elle-même, et l'on a soin de n'y laisser aucune matière végétale étrangère, dont la décomposition pourrait nuire à la pureté de l'eau. On doit puiser les eaux gazeuses par un temps peu humide, car l'eau répandue dans l'atmosphère les affaiblit en absorbant beaucoup de gaz ; on les ferme immédiatement au moyen de bouchons neufs, que l'on enfonce avec force dans le goulot de la bouteille, en observant de n'y laisser que très-peu d'espace non rempli d'eau. Il est nécessaire de goudronner et même d'assujétir les bouchons avec de la peau ou du parchemin, pour empêcher tout accès à l'air : ces précautions sont les mêmes si les bouteilles pleines sont destinées à la consommation ; dans ce cas, elles doivent demeurer couchées dans un lieu tempéré et à l'abri de l'humidité (1).

Quand l'analyse se fait sur les lieux, on ne doit rien omettre qui puisse servir d'indication scientifique et positive à l'histoire de ces eaux. On commence par constater la situation de la source, la nature du terrain d'où elle sort et de celui qui l'environne ; on passe en revue les végétaux qui croissent à l'entour de la fontaine et dans les environs ; on examine les dépôts qui s'y forment, le canal au travers duquel l'eau coule ; on décrit même une topographie locale, y

(1) Hufeland a fait connaître un moyen fort simple, employé aux sources minérales d'Allemagne, pour empêcher la décomposition des eaux ferrugineuses. Il suffit de fixer, dans le bouchon destiné aux bouteilles, un fil de fer ou un clou, dont l'extrémité plonge un peu dans le liquide ; on peut ainsi conserver, pendant très-long-temps, ce genre d'eau minérale, sans qu'elle subisse aucun changement, et la transporter fort loin sans qu'il s'opère le moindre précipité.

comprenant l'état physique et sanitaire des habitants, une histoire naturelle des animaux du pays; on constate dans quel temps de l'année l'analyse est faite, et, si c'est après une saison humide ou sèche, on observe avec attention la température de l'eau à sa sortie de la source, et la quantité que la source donne pendant un temps donné; on examine ensuite ses propriétés physiques, sa saveur, sa couleur, son odeur; on s'assure de sa pesanteur spécifique, en la pesant, à une température donnée, dans un flacon capable de contenir un poids égal d'eau distillée à la même température.

On doit examiner l'action de la chaleur sur l'eau; quelques-unes perdent leur transparence et laissent déposer un précipité quand on élève leur température : on peut, en général, conjecturer cet effet d'après l'apparence de l'eau. Si la couleur est jaune brunâtre, elle est formée en partie ou entièrement par l'oxide de fer; si elle est blanche, elle est due à des carbonates terreux. L'eau minérale qui contient du fer dépose ce métal quand elle est exposée à l'air, et il se forme à sa surface une pellicule mince, qui dépose dans les bassins naturels, ou qui peut être rassemblé dans des vases. On peut quelquefois découvrir, par ce moyen, dans une eau, du fer que l'on n'avait pu y reconaître d'abord, parce qu'il s'oxide d'avantage, et devient plus sensible à l'action des réactifs. Les eaux sulfureuses précipitent même quand elles sont renfermées dans une fiole bien bouchée; l'hydrogène quitte alors le soufre qui se précipite sous forme d'une poudre blanche.

Les substances qu'on peut trouver dans les Eaux Minérales sont :

Substances communes : Les acides carbonique, hydro-sulfurique; les sulfates de soude, de chaux, de magnésie, les sous-carbonates de soude, de magnésie; enfin des matières organiques.

Substances rares : Le gaz oxigène et azote; les acides borique, sulfureux, sulfurique, hydro-chlorique et nitrique; la silice, la soude, l'iode, le brôme et ses composés; les sulfates d'ammoniaque, de potasse, de fer, de cuivre, de manganèse; l'alun; les hydrochlorates de potasse, d'ammoniaque, d'alumine; le fluate de chaux;

les sous-carbonates de potasse, d'ammoniaque, d'alumine, de strontiane, de manganèse; le sous-borate de soude; les hydro-sulfates simples ou sulfurés de soude et de chaux; l'hydriodate de potasse.

Pour rechercher la composition d'une eau minérale, on procède à l'aide de deux espèces d'analyses : la première est l'*analyse d'indication*, qui sert à signaler, d'une manière générale, les principales substances que l'eau contient; la deuxième est l'*analyse de détermination exacte*, qui précise leurs proportions et leur nature.

Analyse d'indication. La meilleure méthode de connaître les différentes substances que contient une Eau Minérale consiste à la traiter par les réactifs, c'est-à-dire, par d'autres substances qui, mêlées à l'eau, indiquent, par certains phénomènes, la nature des principes salins et autres. Par exemple, si elle rougit le papier de tournesol, on peut en conclure qu'elle contient un acide libre, et si elle ramène au bleu le papier de tournesol rougi, elle est alcaline.

On reconnaît que cette acidité est due à l'acide sulfureux lorsque l'eau a une odeur de soufre en combustion et qu'elle laisse précipiter du soufre par l'hydrogène sulfuré.

On reconnaît l'acide carbonique lorsque l'eau est mousseuse et aigrelette et qu'elle perd son gaz par l'ébullition.

L'acide hydro-sulfurique se reconnaît à une odeur d'œufs gâtés; il précipite en noir les dissolutions d'argent, de mercure, de plomb, et perd ces deux propriétés par l'ébullition de l'eau qui le contient.

Pour savoir, lorsque l'eau est alcaline, si l'alcali est la potasse ou la soude, il faut évaporer une portion d'eau afin d'avoir un résidu salin; traiter celui-ci par l'alcool à 36 degrés, afin de dissoudre les sels solubles, redissoudre dans l'eau distillée, saturer par l'acide acétique, faire évaporer et traiter de nouveau par l'alcool, qui ne dissoudra que l'acétate formé par l'alcali qui existait à l'état de liberté. Alors l'hydro-chlorate de platine indiquera la présence de la potasse, s'il forme un précipité, et celle de la soude, s'il n'en forme point.

Les sulfates se reconnaissent à l'aide d'un sel soluble de baryte; les hydro-chlorates, par le nitrate d'argent.

On reconnaît les nitrates en versant, dans l'eau, de la potasse, jusqu'à ce qu'il n'y ait plus de précipité, filtrant et faisant évaporer. Le résidu, jeté sur les charbons ardents, fuse et active la combustion.

Les carbonates se reconnaissent par l'effervescence qu'ils font avec l'acide hydro-chlorique; ceux qui sont insolubles, comme ceux de fer, de chaux, de magnésie, n'étant tenus en dissolution que parce qu'ils sont à l'état de carbonates acides, se précipitent par l'ébullition, qui dégage l'excès de gaz.

Lorsque le fer est en dissolution dans une Eau Minérale, on a un précipité bleu avec l'hydro-cyanate de potasse. La teinture de noix de galle y produit une couleur noire. Cependant, si le fer est à l'état de protoxide, la couleur ne se manifeste qu'au bout de quelque temps, ou bien par l'addition d'une petite quantité de solution aqueuse de chlore, qui détermine aussitôt la sur-oxidation du protoxide. On peut se servir aussi du cyanure rouge de potassium, qui précipite l'oxide de fer au minimum, sans décomposer les sels de fer au maximum.

Si le fer est à l'état de sulfate, l'eau ne trouble pas par ébullition; s'il est à l'état de carbonate pendant l'ébullition, il y a précipitation d'une poudre rougeâtre.

Le précipité que la teinture de noix de galle fait naître dans une eau n'est pas toujours dû au fer, il peut aussi provenir d'une matière végéto-animale; on s'en assure par les charbons ardents. La décomposition est complète, ou du moins il ne reste qu'une cendre alcaline, lorsque le dépôt est formé par les matières organiques; elle n'est que partielle, s'il est dû au fer ou au tannin; de plus, le résidu contient du fer qui peut être rendu très-sensible par les réactifs (l'acide hydro-chlorique, puis l'ammoniaque).

L'oxalate d'ammoniaque précipite la chaux de toutes ses dissolutions.

Si l'eau contient un sel à base d'ammoniaque, en le mêlant avec de la chaux vive, l'ammoniaque se dégage; si le sel ammoniaçal était en petite quantité, le dégagement n'aurait lieu qu'autant que l'on aurait d'abord fait évaporer l'eau à siccité, et que l'on agirait avec la chaux sur le résidu.

On démontre la présence de l'alumine et de la magnésie en versant dans l'eau un excès de potasse caustique, et traitant le précipité par la solution de potasse, qui dissoudra l'alumine sans toucher à la magnésie. Si l'eau contenait un sel de fer, il serait décomposé, et son oxide, mêlé au dépôt, ne tarderait pas à prendre une couleur rougeâtre.

Si l'eau renferme des matières azotées, on la fait évaporer à siccité, et l'on projette le résidu sur les charbons ardents; on remarque une odeur de corne brûlée. Le chlore et la noix de galle déterminent aussi, dans ce liquide, des précipités floconneux; il n'y a que les matières organiques qui contiennent du soufre, qui, par leur putréfaction, laissent dégager une odeur semblable à celle de l'hydrogène sulfuré.

Pour connaître l'ordre de combinaison des différents corps que l'analyse approximative indique, dans une eau minérale, il faut remonter aux affinités qui existent entre eux. Par exemple, si l'on trouve ensemble les acides sulfurique, hydro-chlorique, la chaux et la soude, on sera certain que cette dernière est combinée avec l'acide hydro-chlorique. Il en sera de même pour les acides carbonique et nitrique avec la potasse et la magnésie; cette dernière sera évidemment à l'état de carbonate.

Il ne faut cependant pas croire que l'eau contienne toujours les mêmes sels que donne son analyse; la plupart d'entre eux se forment pendant son évaporation, par suite d'échanges entre les acides et les bases.

Analyse de détermination précise. L'analyse précédente n'avait pour but que la détermination des contenus probables d'une eau minérale; celle-ci a pour objet de fixer la nature et les proportions: 1° des matières gazeuses, 2° des matières fixes.

Matières gazeuses (1). On remplit un ballon de l'eau qu'on veut analyser, on y adapte un tube recourbé, également plein d'eau, et plongeant sous une cloche à mercure; on place le ballon sur un fourneau, et l'on fait bouillir l'eau pendant un quart d'heure environ.

Les gaz que l'eau peut contenir sont l'oxigène, l'azote, les acides carbonique, hydro-sulfurique et sulfureux. Ces deux derniers ne peuvent se trouver ensemble sans se décomposer.

Supposons que sous la cloche on ait les trois premiers seulement; on absorbera par la potasse caustique le gaz acide carbonique; on fera passer le résidu dans un eudiomètre avec de l'hydrogène en excès; et après l'inflammation, on aura la quantité d'oxigène et par conséquent d'azote, en divisant le produit de l'absorption par trois. Pour ce dernier essai, l'hydrogène est bien préférable au phosphore, qui laisse toujours un peu d'oxigène intimement uni à l'azote.

Si l'acide carbonique se trouvait mêlé au gaz sulfureux, on les séparerait par le borax, qui s'emparerait du gaz sulfureux sans toucher à l'acide carbonique.

Si c'était l'acide hydro-sulfurique, on ferait passer sous la cloche de l'acétate acide de plomb ou de cuivre, qui s'emparerait de l'acide hydro-sulfurique, et non de l'acide carbonique.

Pour déterminer les proportions d'acide carbonique, on remplit d'eau, et aux trois quarts seulement de sa capacité, un matras; on y adapte un tube dont l'extrémité va se rendre dans une éprouvette qui contient un mélange d'hydro-chlorate de baryte et d'ammoniaque caustique; puis on chauffe; l'acide carbonique se dégage et passe dans l'éprouvette, où il décompose l'hydro-chlorate, et donne lieu à la formation d'un carbonate de baryte. Le sous-carbonate de baryte produit, lavé et séché, indique par son poids

---

(1) Pour déterminer avec plus de précision la quantité de gaz, il est d'abord nécessaire de faire attention à l'état du baromètre et du thermomètre; il faut opérer avec le baromètre à 760 millimètres, et le thermomètre à 15 degrés.

celui de l'acide. Si pendant l'évaporation de l'eau il se précipitait un sous-carbonate insoluble, on serait alors certain que tout l'acide carbonique combiné à la baryte, n'était pas libre dans l'eau. Il faudrait alors déterminer le poids du sous-carbonate, connaître la quantité d'acide qui entre dans sa composition, et retrancher de l'acide carbonique obtenu, un poids égal à celui qui contient le sous-sel, puisque les carbonates saturés contiennent une fois autant d'acide que les sous-carbonates. Si l'eau renfermait du sous-carbonate d'ammoniaque, il faudrait commencer par apprécier la quantité, en faisant passer le gaz à travers l'acide hydro-chlorique.

Pour déterminer la quantité d'acide hydro-sulfurique contenue dans une Eau Minérale, il faut d'abord savoir dans quel état il s'y trouve; il peut y être : 1° à état libre, alors il se dégage par l'ébullition et noircit quelquefois le mercure; 2° à l'état d'hydro-sulfate simple, il ne noircit pas le mercure, mais se dégage par les acides sulfurique et hydro-chlorique; 3° à l'état d'hydro-sulfate sulfuré, alors il noircit le mercure, se dégage par les acides, et laisse aussitôt précipiter son soufre, ce que l'hydro-sulfate simple ne fait qu'au bout de quelques minutes.

Si l'acide hydro-sulfurique est libre ou à l'état d'hydro-sulfate simple, on verse dans l'eau de l'acétate acide de cuivre : le poids du bi-sulfure desséché donne la quantité de soufre, et par conséquent d'hydrogène sulfuré.

Lorsque la même eau contient l'acide hydro-sulfurique libre et combiné, il est plus difficile d'apprécier les proportions de chacun d'eux. M. Orfila conseille avec raison de ne pas faire bouillir l'eau, car, à une époque de la distillation, l'hydro-sulfate simple se transforme en sous-hydro-sulfate, par la perte d'une petite quantité de son acide, ce qui induit en erreur. Généralement on indique *d'agiter l'eau avec du mercure, qui s'empare du soufre de l'acide libre et met en liberté l'hydrogène, dont le poids fait connaître celui du soufre avec lequel il était uni; de traiter ensuite l'hydro-sulfate simple avec l'acétate de cuivre.* Ce procédé n'est pas praticable, car le mercure ne peut pas décomposer tout l'acide hydro-sulfurique d'une eau qui en est chargée, malgré un contact très-long-temps prolongé et une agitation fréquente. M. Henry fils, dans son analyse de l'eau d'Enghien, a cherché à déterminer les proportions d'acide hydro-sulfurique libre, et agit sur l'hydro-sulfate, soit instantanément, soit après quelques instants. On agit de la manière suivante: On verse dans la solution contenant le mélange de l'acide libre et de l'hydro-sulfate, de la solution de sulfate de manganèse; ce sel décompose seulement l'acide combiné et il donne lieu à la précipitation de l'hydro-sulfate de manganèse, formé aux dépens de l'acide hydro-sulfurique, de l'hydro-sulfate. L'acide hydro-sulfurique libre s'obtient ensuite par distillation, faisant passer les produits de cette distillation à travers une solution d'acétate de plomb qui décompose cet acide; on détermine ensuite et séparément le poids de ces deux précipités.

Si l'eau renferme un hydro-sulfate sulfuré, on prend deux quantités semblables d'eau; sur la première, à l'aide de l'acétate acide de cuivre, on apprécie la quantité de soufre; sur la seconde, on détermine l'excès de soufre au moyen de l'acide acétique faible et de la chaleur. En retranchant le poids de cet excès de soufre, du poids du soufre indiqué par l'acétate de cuivre, on a celui qui était à l'état d'hydro-sulfate. Il serait possible qu'on ne parvînt pas à rassembler le soufre, comme nous l'indiquons ici, si l'hydro-sulfate sulfuré était en petite quantité; et cela arrive toujours dans les Eaux Minérales qui en contiennent. La limaille de cuivre, qui absorbe très-bien l'excès de soufre des hydro-sulfates sulfurés en les ramenant à l'état d'hydro-sulfates simples, pourrait peut-être, par l'augmentation de son poids, donner la quantité de soufre qui n'est point combiné à l'hydrogène.

Lorsque dans une eau il y a du gaz sulfureux, pour en connaître la quantité, on le transforme par le moyen du chlore en acide sulfurique; on précipite ensuite le sulfate formé par le nitrate de baryte. Il est évident qu'il faut déterminer auparavant la quantité d'acide sulfurique que l'eau peut contenir.

Matières fixes. — On fait évaporer une grande quantité de l'eau qu'on se propose d'analyser, un poids connu, dans un vase qui ne soit pas attaquable par les matières qu'elle contient, pour cela le platine serait préférable à tout autre métal. On prend la précaution qu'aucun corps ne s'introduise pendant l'évaporation. Lorsque l'eau est arrivée à certain degré de concentration, on achève de l'évaporer dans une capsule de porcelaine, pour que le résidu ne se trouve pas disséminé sur une trop grande surface. On lave aussi le premier vase avec de l'eau distillée, afin de ne rien perdre. On pèse le résidu de l'évaporation; on le fait bouillir dans quinze à vingt fois son poids d'eau distillée; on filtre pour séparer les matières insolubles; on évapore *le solutum* à siccité; on le traite par de l'alcool à 40°; on filtre, et l'on agite le résidu dans douze parties environ d'alcool à 26°; il reste une certaine quantité de matières insolubles dans les deux alcools, mais solubles dans l'eau. On fait évaporer *le solutum* pour avoir les sels à l'état solide.

En opérant ainsi, on partage les matières fixes en quatre parties: la première insoluble, la deuxième soluble dans l'alcool concentré, la troisième dans l'alcool faible, la quatrième dans l'eau.

Matières insolubles. Elles sont, ordinairement, des sous-carbonates de chaux, de fer, de magnésie, du sulfate de chaux, de la silice. On les pèse, on y verse un excès d'acide hydro-chlorique faible; à l'aide de la chaleur, on transforme les sous-carbonates en hydro-chlorates acides, et le sulfate de chaux en sulfate acide soluble. On filtre; la silice reste. On évapore la dissolution, et on l'étend ensuite d'alcool faible, qui précipite le sulfate de chaux. Par l'hydro-sulfate d'ammoniaque, on précipite le fer; par l'oxalate d'ammoniaque, on précipite la chaux; enfin, on précipite la magnésie par le sous-carbonate de potasse ou la soude.

Matières solubles dans l'alcool concentré. Si l'on s'est servi d'alcool à 40°, on n'a dissous que des nitrates et des hydro-chlorates de magnésie et de chaux. On prend un poids déterminé de ce mélange salin, on le dissout dans l'eau, on partage le *solutum* en deux parties: dans la première on verse un excès de nitrate d'argent; le poids du chlorure indique celui de l'acide hydro-chlorique. La liqueur sé-

4

parée du chlorure est formée de nitrate de chaux et de magnésie, et d'un excès de nitrate d'argent. On décompose le nitrate d'argent par un *solutum* d'hydro-chlorate de soude; on sature l'excès d'acide par l'ammoniaque. Pour apprécier la quantité de chaux, on verse dans la dissolution filtrée de l'oxalate d'ammoniaque. Pour extraire l'acide nitrique, on prend la seconde moitié du *solutum* salin, on la fait bouillir avec le phosphate d'argent, qui se combine au chlore. On filtre, on évapore la liqueur à siccité; on traite les nitrates par l'acide sulfurique. En combinant l'acide nitrique, on obtient du nitrate de potasse; le poids du nitrate formé indique la quantité réelle d'acide nitrique.

Matières solubles dans l'alcool à 26°. L'alcool à ce degré doit dissoudre l'hydro-chlorate de soude. Quelquefois, mais rarement, il contient de l'hydro-chlorate d'ammoniaque. Si ces deux sels se trouvaient réunis, il faudrait les calciner avec précaution pour volatiliser celui d'ammoniaque; la perte de poids indiquerait la quantité de chacun d'eux.

Matières solubles dans l'eau distillée. Les matières solubles dans l'eau sont très-nombreuses. Celles que l'on y rencontre le plus ordinairement sont le sous-carbonate de soude, le sulfate de soude et celui de magnésie; encore le carbonate de soude exclut-il le sulfate de magnésie. L'eau ne peut donc contenir que du sulfate et du carbonate de soude, ou du sulfate de soude et du sulfate de magnésie; dans le premier cas, on traite le résidu de l'évaporation par l'acide acétique, qui transforme le sous-carbonate de soude en acétate. On évapore à siccité, et l'on fait bouillir le résidu avec de l'alcool concentré, qui dissout l'acétate sans toucher au sulfate. Dans le second cas, on dissout les deux sulfates dans l'eau, on précipite l'acide sulfurique par l'hydro-chlorate de baryte; on filtre, on fait évaporer la liqueur à siccité, et l'on calcine dans un creuset le résidu formé d'hydro-chlorate de magnésie et d'hydro-chlorate de soude. Le sel magnésien pert son acide et passe à l'état d'oxide de magnésium, l'hydro-chlorate de soude devient chlorure de sodium. On les traite par l'eau : le chlorure se dissout, l'oxide de magnésium reste, il donne le poids du sel de magnésie.

On remarquera que les différentes méthodes par lesquelles on procède à l'analyse des Eaux conduisent souvent à des résultats différents, ce qui, joint aux petites quantités sur lesquelles on opère, rend si difficile la condition d'obtenir un ensemble parfaitement d'accord avec la nature (1); mais nous recommandons aux pharmaciens qui ont l'intention de procéder à une analyse dans le dernier degré de perfection, de ne pas s'en rapporter uniquement à notre opuscule; nous les invitons à consulter les ouvrages *ex professo* de MM. Thénard, Berzélius, Klaproth, Henry, Thomson, Orfila, Anglada et autres, comme nous l'avons fait nous-même.

DES EAUX MINÉRALES ARTIFICIELLES.

Dans un chapitre précédent, nous avons dit qu'il n'était possible d'imiter les Eaux Minérales qu'imparfaitement (2); ainsi nous ne disons pas avec les enthousiastes que l'art a surpassé la nature. Nous

(1) Certaines Eaux Minérales ont une composition pour ainsi dire invariable; d'autres, au contraire, éprouvent des changements chimiques et thermométriques sensibles, selon l'époque de l'année, l'état sec, humide ou électrique de l'atmosphère; de là aussi une divergeance que l'on remarque dans les analyses.

(2) Indépendamment du calorique naturel à quelques eaux, la barégine, glairine, des matières grasses, extractives, végéto-animales, existent dans beaucoup d'Eaux Minérales, et qui sont loin d'être indifférentes à leur succès, ne peuvent pas être imitées par l'art.

dirons que les Eaux Minérales naturelles doivent être préférables aux artificielles, toutes les fois qu'elles peuvent être conservées longtemps sans altérations, ou qu'on peut les renouveller fréquemment ; qu'il est des cas où les Eaux artificielles doivent même être préférées : l'eau de seltz chargée d'un excès de gaz doit être douée, *dans quelques cas*, d'une action médicamenteuse toute particulière ; l'eau de sedlitz, l'eau ferrugineuse, peuvent être augmentées dans la quantité de leurs bases ; on peut même obtenir des produits que n'offre pas la nature et dont l'art médical peut retirer de nombreux avantages : nous voulons parler des Eaux oxigénées, hydrogénées, des Eaux alcalines ou sodawater, des Eaux magnésiennes, iodées, etc.

Le codex ou pharmacopée française a fait précéder ses formules d'Eaux Minérales d'observations judicieuses que nous reproduisons ici. « Les Eaux Minérales naturelles constituent un ordre important « de médicaments. La difficulté que l'on éprouve à se les procurer et « les altérations qu'elles sont sujettes à subir dans les dépôts où on « les conserve, ont fait naître l'idée de les reproduire artificielle- « ment, mais l'état actuel de la science ne permet pas d'arriver à « une imitation fidèle de l'eau de la plupart des sources naturelles, « soit que l'analyse chimique laisse de l'incertitude sur la nature « de leurs composants ou sur le mode suivant lequel ils sont unis, « soit que ces Eaux contiennent des principes qu'il n'est pas encore « permis à l'art de reproduire. En cet état de choses, il est prudent « de ne pas considérer les formules comme devant reproduire exac- « tement l'eau des sources naturelles ; cependant, comme les eaux « artificielles font partie du domaine de la matière médicale et « qu'elles rendent d'utiles services à l'art de guérir, on a cru à « propos de donner ici un certain nombre de formules, dont plu- « sieurs sont déjà consacrées par l'usage, et dans lesquelles se trou- « vent comprises les variétés principales des minéralisateurs les « plus ordinaires des sources. En se basant sur l'analyse chimi- « que, on pourra de même produire plus ou moins exactement des « imitations de l'eau des autres sources minérales. »

La préparation des Eaux Minérales ou *synthèse* est un art tout-à-fait pharmaceutique qui consiste à associer à l'eau des sels ou des gaz, en se conformant, pour les proportions, à l'analyse la plus exacte de l'eau naturelle que l'on veut imiter ou à l'ordonnance du médecin.

Le choix des substances qui doivent entrer dans leur composition doit être fait avec le soin le plus scrupuleux, et, suivant leur nature, on se sert de procédés particuliers : c'est ainsi qu'un sel naturellement insoluble ne peut y être introduit de la même manière qu'un autre soluble ; que l'acide sulf-hydrique peut s'y dissoudre en quantité suffisante, sans employer les appareils de compression nécessités pour la moindre solubilité de l'acide carbonique, etc.

La préparation des eaux artificielles s'opère par un double procédé, mécanique pour l'introduction des gaz, et chimique pour les combinaisons salines.

On connaît les appareils de M. Henry, les modifications qu'y a apporté M. Soubeiran. On connaît aussi l'appareil de M. Barruel et d'autres personnes spécialement livrées à la fabrication des eaux gazeuses. Mais le plus simple pour l'introduction du gaz, surtout lorsqu'on ne veut préparer qu'une petite quantité d'eau gazeuse, est celui qu'on doit à M. Planche. Il se compose d'un vase cylindrique en cuivre étamé, portant à sa base un robinet. Dans l'intérieur, et à un centimètre environ au-dessus du robinet, est soudée une espèce de double fond ou de diaphragme, pareillement étamé, et percé de trous très-rapprochés, à la manière d'un crible; une ouverture plus large, pratiquée au centre, donne passage à un tuyau vissé à la paroi supérieure du vase, ouvert à ses deux extrémités, et traversant perpendiculairement le cylindre jusqu'à deux millimètres à peu près du fond. A la partie supérieure de ce tube est ajusté, à vis, un robinet communiquant avec une pompe foulante, et, à trois centimètres de là, un autre ajutage à robinet se trouve vissé sur la voûte du cylindre.

Pour se servir de cet appareil, on le remplit d'eau convenablement, puis on y introduit du gaz acide carbonique préparé à l'avance et contenu dans des vessies que l'on adapte successivement au corps de pompe, en faisant jouer le piston, jusqu'à ce que l'eau soit chargée de la quantité de gaz nécessaire. Autant que possible, on doit opérer dans un lieu frais, et suspendre par intervalles l'action du piston, en profitant de ce repos pour agiter fortement le liquide.

Lorsqu'on se propose de n'obtenir que de l'eau acido-carbonique, l'opération est terminée à ce point; on remplit de ce liquide des bouteilles qui doivent être aussitôt bouchées, ficelées et cachetées. Mais si l'on a dessein d'y ajouter des sels solubles, il faut dissoudre préalablement ces derniers dans une petite quantité d'eau, et l'on verse dans chaque bouteille, avant de la remplir, la dose nécessaire de ce soluté. Si les sels sont insolubles, on détermine leur dissolution en les mettant immédiatement après leur précipitation, et encore à l'état d'humidité gélatineuse, dans le cylindre à compression..

Quand on opère en grand, l'appareil diffère de celui que nous venons de décrire. Parmi ceux que l'on met en usage dans ce cas, nous citerons celui qui est dû à M. Boissenot, pharmacien distingué à Châlons-sur-Saône; cet appareil se compose :

1° De deux grands flacons à trois tubulures, de vingt litres. Dans le premier, on introduit du marbre concassé, de l'acide hydrochlorique, puis on le fait communiquer avec le second, au moyen de deux tubes en plomb plongeant dans un soluté très-chargé de potasse qui sert à laver le gaz; la troisième tubulure du second flacon communique par un tube plus gros avec la partie inférieure d'une grande cuve à eau.

2° D'un gazomètre, ou cloche en cuivre étamé, qui séjourne dans la cuve et reçoit le gaz qui traverse toute la colonne d'eau où il éprouve un second lavage : cette cloche est de la capacité de 240 litres.

3° D'un tonneau en cuivre de cinq à six millimètres d'épaisseur, de la contenance de 120 litres et étamé fortement avec l'alliage de Biberel (fer 1 partie, étain 6 parties). Un moussoir à palettes est établi dans son intérieur : son axe, traversant une boîte à cuirs, porte à son extrémité un volant en fonte, de six décimètres environ, pour faciliter, par sa force excentrique, un mouvement des plus rapides.

4° D'une pompe foulante et aspirante, dont le cylindre est de la capacité d'un litre, communiquant, au moyen d'un tube de plomb, avec l'intérieur du gazomètre. Le piston en cuir est mis en mouvement par un balancier d'un mètre environ de longueur, ce qui n'exige qu'un seul homme.

5° Enfin, de la pièce essentielle, le robinet.

M. Boissenot croit le robinet d'autant meilleur qu'il est plus simple ; il en emploie un tout-à-fait ordinaire. Il le garnit seulement d'un bouchon fortement conique et revêtu d'une couche épaisse de filasse retenue par du gros fil. Comme la douille est très-courte, il peut l'adapter au col de toutes les bouteilles, où il n'entre que d'un centimètre.

Lorsque le tonneau est rempli d'eau et scellé, on comprime le gaz et l'on tire six litres de liquide, afin de laisser dans l'intérieur un espace indispensable pour la dissolution du gaz et pour l'agitation, qui doit être continue et rapide. Plus cette agitation est prompte, plus le contact de l'eau est intime par la plus grande division du liquide, et plus alors aussi la compression est facile. Il est bon d'observer aussi qu'une des conditions les plus essentielles dans ce cas, c'est l'emploi du gaz acide carbonique complètement privé d'air, car la moindre quantité de ce dernier rend le jeu des pompes très-pénible.

On comprime dans le tonneau 4 gazomètres, c'est-à-dire 8 fois le volume de l'eau, ou bien 960 litres de gaz. Cette opération dure une heure et demie.

Après douze heures de repos, on procède à l'embouteillage, avec la précaution de presser fortement la bouteille contre le robinet, pour intercepter toute communication avec l'extérieur. A l'instant où la bouteille est complètement pleine, et pendant que l'on ferme le robinet, l'eau claire qu'elle paraissait devient opaque et pour ainsi dire lactée en apparence, en raison du nombre infini de petites bulles de gaz qui se manifestent dans toute la masse ; c'est alors surtout qu'une forte pression de la bouteille contre le robinet devient indispensable. Au bout d'une à deux secondes, l'eau recouvre sa transparence par la disparition subite des bulles; c'est l'instant où le bouchon doit être adapté, car sans cela les bulles se reproduiraient de nouveau.

M. Soubeiran regarde comme un point de la plus haute importance de pouvoir mettre l'eau gazeuse en bouteilles, sans qu'elle soit lancée avec violence ; il se sert, pour y parvenir, d'un robinet très-ingénieusement construit et qui, au moyen de deux conduits intérieurs, permet en même temps l'écoulement du liquide et la communication de l'intérieur de la bouteille avec l'atmosphère du tonneau.

Dans la préparation des eaux sulfureuses, on chargeait autrefois l'eau d'acide hydro-sulfurique; aujourd'hui on a recours à l'hydrosulfate de soude pur, que l'on prend en proportion exactement déterminée, et que l'on dissout dans l'eau.

Dans la préparation des eaux ferrugineuses, il est important de se servir d'eau privée d'air; on se la procure en faisant bouillir de l'eau pendant un quart d'heure, et en la laissant réfroidir à l'abri de l'air. La présence de l'oxigène aurait pour effet de faire passer le fer à l'état de peroxide, qui se déposerait en grande partie, tantôt à l'état d'hydrate et tantôt à l'état de sel basique insoluble.

Un appareil spécial doit être destiné à chaque genre d'eau minérale. On comprend, en effet, qu'il ne doit pas être sans inconvénient de préparer de l'eau gazeuse ou de l'eau de seltz dans un appareil qui viendrait de servir à la confection d'une eau sulfureuse ou ferrugineuse. Les appareils doivent être parfaitement confectionnés et entretenus dans un grand état de propreté.

SYNTHÈSES

DES NEUF EAUX MINÉRALES

QUI ONT FAIT LE SUJET DE NOS EXAMENS PRATIQUES.

1°.

EAU DE SELTZ ARTIFICIELLE

(AQUA SELTERANA).

R. Chlorure de calcium cristallisé (Chloruretum calcicum), six grains. 000,33

Chlorure de magnésium cristallisé (Chloruretum magnesicum), cinq grains. 000,27

Chlorure de sodium (Chloruretum sodicum), vingt grains. 001,100

Carbonate de soude cristallisé (Carbonas sodicus), seize grains. 000,900

Phosphate de soude cristallisé (Phosphas sodicus), un grain et un tiers. 000,070

Sulfate de soude cristallisé (Sulfas sodicus), un grain. 000,050

Eau pure (Aqua pura), vingt onces. 625,000

Acide carbonique (Acidum carbonicum), 5 volumes. 006,000

Faites dissoudre dans l'eau, d'une part, les sels de soude, et, d'autre part, les chlorures terreux; mélangez les liqueurs et chargez-les d'acide carbonique au moyen d'un appareil de compression; recevez l'eau saline gazeuse qui en résultera dans les bouteilles que vous boucherez aussitôt.

5

2°.

EAU DE VICHY

(AQUA VICIENSIS).

R. Carbonate de soude cristallisé (Carbonas sodicus), 1 gros 54 grains. 007,000
Chlorure de sodium (Chloruretum sodicum), un tiers de grain. 000,017
Chlorure de calcium (Chloruretum calcicum), onze grains. 000,600
Sulfate de soude cristallisé (Sulfas sodicus), six grains 000,333
Sulfate de magnésie cristallisé (Sulfas magnesicus), trois grains. 000,165
Sulfate de fer cristallisé (Sulfas ferrosus), un tiers de grain. 000,017
Eau privée d'air (Aqua aere orbata), vingt onces. 625,000
Gaz acide carbonique (Acidum carbonicum), 3 volumes et demi. 004,000

Faites une dissolution des sels à base de soude, une autre du sulfate de magnésie, une troisième du chlorure de calcium; mélangez toutes ces liqueurs et chargez d'acide carbonique; recevez l'eau gazeuse saline qui en résultera dans des bouteilles, où vous aurez introduit le sulfate de fer dissous dans une petite quantité d'eau (1).

3°.

EAU DU MONT-DORE

(AQUA MONTIS DURANI).

R. Carbonate de soude cristallisé (Carbonas sodicus), deux gros. 008,000

---

(1) Ce produit diffère essentiellement de l'eau naturelle par l'absence de matières organiques.

Chlorure de calcium cristallisé (Chloruretum calcicum), huit grains. 000,450

Chlorure de magnésium cristallisé (Cloruretum magnesicum), un grain et demi. 000,082

Chlorure de sodium (Chloruretum sodicum), un grain et un tiers. 000,070

Sulfate de fer cristallisé (Sulfas ferrosus), deux grains. 000,100

Sulfate de soude cristallisé (Sulfas sodicus), un grain et un tiers. 000,070

Eau privée d'air (Aqua aere orbata), vingt onces. . 625,000

Gaz acide carbonique (Acidum carbonicum), cinq volumes. 006,000

Faites dissoudre le carbonate de soude et le chlorure de sodium dans l'eau, et chargez la dissolution d'acide carbonique; dissolvez à part les chlorures terreux et le sulfate de fer; mêlez les deux dissolutions, introduisez-les dans des bouteilles, et achevez de les remplir avec l'eau saline gazeuse; bouchez promptement.

4°.

EAU DE BOURBONNE

(AQUA BORBONENSIS).

R. Bromure de potassium (Bromuretum potassicum), 2 tiers de grain. 000,036

Chlorure de sodium (Chloruretum sodicum), cinquante-quatre grains. 003,000

Chlorure de calcium cristallisé (Chloruretum calcicum), trente-huit grains. 002,000

Sulfate de soude cristallisé (Sulfas sodicus), vingt-trois grains. 001,150

Bi-carbonate de soude cristallisé (Bi-carbonas sodicus), six grains. 000,330

Eau pure (Aqua pura), vingt onces. 625,000

Gaz acide carbonique (Acidum carbonicum), cinq volumes. 006,000

Faites dissoudre les sels et chargez d'acide carbonique.

5°.

EAU DE SPA

(AQUA SPADANA).

R. Carbonate de soude cristallisé (Carbonas sodicus), trois grains. 000,165

Carbonate de chaux (Carbonas calcicus), trois cinquième de grain. 000,033

Carbonate de magnésie (Carbonas magnesicus), un quart de grain. 000,014

Proto-chlorure de fer (Chloruretum ferrosum), deux tiers de grain. 000,043

Alun cristallisé (Sulfas-alumino-potassicus), un septième de grain. 000,008

Eau privée d'air (Aqua aere orbata), vingt onces. . 625,000

Acide carbonique (Acidum carbonicum), cinq volumes. 006,000

Dissolvez le carbonate de soude dans une petite quantité d'eau, et délayez dans la liqueur le carbonate de chaux et celui de magnésie; d'autre part, faites dissoudre l'alun et le chlorure de fer dans une autre portion d'eau et mélangez cette dissolution au premier liquide; recevez le tout dans des bouteilles et achevez de remplir avec l'eau gazeuse simple (1).

---

(1) Le Codex fait remarquer que l'on peut suivre la même formule pour les eaux *de Bussang*, *de Forges*, *de Pyrmont*, *de Vals*; dès-lors on pourrait ajouter celles *de Passy*, *de Provins*, ou de toute autre plus ou moins semblable; mais cette latitude ne serait-elle pas abusive?

6°.

EAU DE SEDLITZ

(AQUA SEDLITZENSIS).

℞. Sulfate de magnésie cristallisé (Sulfas magnesicus), deux gros. 008,000
Eau pure (Aqua pura), vingt onces. 625,000
Gaz acide carbonique (Acidum carbonicum), trois volumes. 003,500

Faites dissoudre le sulfate de magnésie dans l'eau, chargez d'acide carbonique et mettez en bouteilles (1).

7°.

EAU SULFURÉE

(AQUA CUM SULFURETO SODICO).

℞. Hydro-sulfate de soude (Sulfuretum sodicum), deux grains et demi. 000,135
Carbonate de soude cristallisé (Carbonas sodicus), deux grains et demi. 000,135
Chlorure de sodium (Chloruretum sodicum), deux grains et demi. 000,135
Eau privée d'air (Aqua aere orbata), vingt onces. . 625,000

Faites dissoudre et conservez dans des bouteilles bien bouchées (2).

---

(1) Ici le Codex n'a point cherché à imiter l'eau de Sedlitz naturelle, dont la représentation exacte lui a paru peut-être inutile.

Selon la dose du sulfate de magnésie, on distingue l'eau de Sedlitz artificielle en eau à 8, 15, 23, 30, 45, 60 grammes. Dans les pharmacies, on ne tient ordinairement toutes préparées que celles à 30 et 45 grammes. La première est celle que l'on donne lorsque le médecin ne spécifie pas la force.

(2) Le Codex désigne cette eau comme devant remplacer les Eaux Minérales

8°.

EAU GAZEUSE SIMPLE

(AQUA ACIDULA SIMPLICIOR).

R. Eau pure (Aqua pura), ... un volume.
Gaz acide carbonique (Acidum carbonicum), cinq volumes.

Chargez l'eau d'acide carbonique et mettez en bouteilles bien bouchées (1).

9°.

EAU DE MER

(AQUA MARINA).

R. Chlorure de sodium gris sec (Chloruretum sodicum), 026,600
Sulfate de soude cristallisé (Sulfas sodicus), . . 011,700
Chlorure de chaux cristallisé (Chloruretum calcicum), 002,400
Chlorure de magnésie cristallisé (Chloruretum magnesicum), ... 009,900

chargées de sulfure de sodium, et le plus souvent les eaux sulfureuses des hautes et basses Pyrénées. Elle n'offre toutefois, dit-il, qu'une *imitation imparfaite, et cependant livrable indifféremment* sous le nom d'Eau Minérale artificielle de Barèges (*aqua Baretginensis*), de Cauteretz (*aqua Cauteriensis*), de Bagnères-de-Luchon (*aqua Convenarum*), de Bonnes (*aqua Bonnensis*), de Saint-Sauveur (*aqua Sancti Salvatoris*), ainsi que de tout autre eau sulfureuse des Pyrénées-Orientales. A ce sujet, nous ne dirons plus rien de la loi écrite, *arche sainte* à laquelle on ne doit point toucher (jusqu'à une autre édition).

(1) En mettant 60 grammes de sirop de limon dans chaque bouteille avant d'y recevoir l'eau chargée de gaz acide carbonique, on obtient ce qu'on appelle limonade gazeuse. En variant la nature du sirop, on prépare ainsi à volonté un grand nombre de boissons mousseuses. Le docteur Mialhe a admis, dans son Traité de l'art de formuler, une eau gazeuse et une limonade gazeuse iodurées.

Eau pure (Aqua pura). 1000,000

Dissolvez et filtrez.

Cette formule est de M. Soubeiran.

Cette eau de mer artificielle sert le plus souvent en bain (1).

---

(1) Les principes constituants de l'eau de mer diffèrent un peu, suivant qu'on la prend à la surface ou à une plus ou moins grande profondeur. Comme on voit, le chlorure de sodium en est le principe dominant, mais il s'y trouve en quantité variable. L'eau de l'Océan est en général plus salée dans l'hémisphère boréal que dans l'hémisphère austral; elle est d'autant plus salée qu'elle est prise plus profondément. Les petites mers sont moins salées que les grandes : ainsi l'Océan l'est plus que la Méditerranée, les mers Noire et Caspienne. Outre le chlorure de sodium, etc., on a trouvé, dant l'eau de mer, de la potasse et de l'ammoniaque (Marcet), de l'iode (Kruger, Laurens), du brôme (M. Balard). D'après les analyses qui ont éte faites dans plusieurs pays, il est évident que le degré de saturation des eaux de la mer n'est pas le même sous les différentes latitudes.

L'eau de mer naturelle se décomposant promptement et s'altérant par le transport, M. Paquier, pharmacien à Fécamp, expédie, en raison d'un brevet, de l'eau de mer, qu'il a d'abord eu soin de faire puiser au large, puis de filtrer, et qu'il charge de gaz. Cette eau de mer gazeuse semble mieux se conserver. Une bouteille paraît produire l'effet purgatif de la même quantité d'eau de Sedlitz peu chargée. Elle n'est pas désagréable à boire aux premiers verres, mais à la fin, le gaz s'étant dégagé en partie, elle reprend son goût saumâtre et nauséabonde.

MATIÈRES DES EXAMENS.

1er EXAMEN. — *Physique, Chimie, Pharmacie.*

2e EXAMEN. — *Botanique, Histoire Naturelle.*

3e EXAMEN. — *Toxicologie, Matière Médicale.*

4e EXAMEN. — *Epreuves pratiques, Manipulations pendant quatre jours. Synthèses de neuf opérations chimiques et pharmaceutiques.*

5e EXAMEN. — *Thèse* (Ad libitum).

NOTA. — L'École ne prend sous sa responsabilité aucune des opinions émises dans les dissertations qui lui sont présentées, celles-ci doivent être considérées comme propres à leurs auteurs et elle n'entend leur donner aucune approbation ni improbation.

Rouen. Imp. N. MARCHAND, rue Royale, 15.

www.ingramcontent.com/pod-product-compliance
Ingram Content Group UK Ltd.
Pitfield, Milton Keynes, MK11 3LW, UK
UKHW021120230726
13926UKWH00002B/565